BEI GRIN MACHT SICH IHR WISSEN BEZAHLT

AF140849

- Wir veröffentlichen Ihre Hausarbeit,
  Bachelor- und Masterarbeit

- Ihr eigenes eBook und Buch -
  weltweit in allen wichtigen Shops

- Verdienen Sie an jedem Verkauf

Jetzt bei www.GRIN.com hochladen und kostenlos publizieren

Bibliografische Information der Deutschen Nationalbibliothek:

Die Deutsche Bibliothek verzeichnet diese Publikation in der Deutschen National-bibliografie; detaillierte bibliografische Daten sind im Internet über http://dnb.d-nb.de/ abrufbar.

Impressum:

Copyright © 2015 GRIN Verlag, Open Publishing GmbH
Druck und Bindung: Books on Demand GmbH, Norderstedt Germany
ISBN: 9783668326682

Dieses Buch bei GRIN:

http://www.grin.com/de/e-book/342756/schaetzen-messen-ordnen-die-vertreter-von-volumen-groessen-mathematik

Sandra Kappelhoff

Schätzen, Messen, Ordnen. Die Vertreter von Volumen-Größen (Mathematik 4. Klasse Grundschule)

GRIN Verlag

GRIN - Your knowledge has value

Der GRIN Verlag publiziert seit 1998 wissenschaftliche Arbeiten von Studenten, Hochschullehrern und anderen Akademikern als eBook und gedrucktes Buch. Die Verlagswebsite www.grin.com ist die ideale Plattform zur Veröffentlichung von Hausarbeiten, Abschlussarbeiten, wissenschaftlichen Aufsätzen, Dissertationen und Fachbüchern.

Besuchen Sie uns im Internet:

http://www.grin.com/

http://www.facebook.com/grincom

http://www.twitter.com/grin_com

Zentrum für schulpraktische Lehrerausbildung

Seminar Grundschule

Schriftliche Unterrichtsplanung zum Unterrichtsbesuch

im Fach Mathematik

❖ **Thema der Unterrichtsreihe:** Schätzen, Messen, Ordnen – Wir gehen mit Volumen auf Entdeckerreise.

❖ **Thema der Unterrichtseinheit:** Die Vertreter von Größen.

❖ **Klasse:** 17 (9 Mädchen/ 8 Jungen) Klasse 4

Inhalt

1. Einbettung der Einheit in die Unterrichtsreihe

Die zentrale Absicht der Unterrichtsreihe:

Schätzen, Messen, Ordnen – Wir gehen mit Volumen auf Entdeckerreise.
Die SuS haben die Möglichkeit Größenvorstellungen und -relationen zum Volumen zu entwickeln, indem sie Repräsentanten für bestimmte Größen kennenlernen und sich mit ihnen im Schätzen, Messen und Ordnen üben.

Darstellung der einzelnen Themen der Unterrichtseinheiten und deren zentrale Absicht:

Einheit	Thema/ inhaltlicher Schwerpunkt	zentrale Absicht
1 Was weißt du schon über Volumen?	Wir schreiben und zeichnen zum Thema „Volumen".	Die SuS haben die Möglichkeit ihren individuellen Wissensstand zum Thema „Volumen" zu aktivieren und zu überprüfen, indem sie ihre Vorkenntnisse schriftlich festhalten. Sie können dabei bereits mögliche Lernziele für sich formulieren, die sie innerhalb der Unterrichtsreihe erreichen möchten.
2 Wie viel Wasser ist das?	Wir frischen unser Wissen auf: Mit dem Messbecher in Liter und Milliliter messen.	Die SuS haben die Möglichkeit handlungsorientiert an ihr Vorwissen zu Messinstrument und Maßeinheiten anzuknüpfen, indem sie sich im Umgang damit üben, untereinander austauschen und einen Wortspeicher erstellen.
3 Die Vertreter von Größen.	Wir schätzen und messen unterschiedliche Repräsentanten für bestimmte Größen.	Die SuS haben die Möglichkeit Größenvorstellungen zu entwickeln und verschiedene Repräsentanten kennenzulernen. Zudem haben sie die Möglichkeit die Repräsentanten der Größe nach zu ordnen und in Beziehung zueinander zu setzen. Dabei können sie ihren Wortspeicher weiterentwickeln.

2

2. Zentrale Absicht der Einheit und Lernchancen

Die SuS haben die Möglichkeit Größenvorstellungen zu entwickeln und verschiedene Repräsentanten kennenzulernen. Zudem haben sie die Möglichkeit die Repräsentanten der Größe nach zu ordnen und in Beziehung zueinander zu setzen. Dabei können sie ihren Wortspeicher weiterentwickeln.

Im Sinne meiner formulierten Absicht eröffne ich folgende Lernchancen:

Auf der **Ebene der Sacherfahrungen** haben die SuS die Möglichkeit,
- Erfahrungen im Umgang mit Messbecher und Maßeinheiten sowie dem Schätzen, Messen, Ordnen und Vergleichen von Größen zu machen und sich darin zu üben
- eine Größenvorstellung zu Repräsentanten aufzubauen und zu erweitern.
- ihren Wortspeicher weiterzuentwickeln und sich in der Fachsprache zu üben.
- ihre Erkenntnisse über das Schätzen und Messen zu präsentieren und zu reflektieren.
- sachbezogene Probleme zu verbalisieren sowie Erklärungen und Lösungen zu finden.

Auf der **Ebene der Sozialerfahrungen** haben die SuS die Möglichkeit,
- in der Gruppe eine Rollenverteilung vorzunehmen und einzuhalten.
- sich in der Gruppe abzuwechseln, auszutauschen, zu einigen und zu helfen.
- in der Gruppe eine gemeinsame Vorgehensweise und Durchführung zu entwickeln.
- gemeinsam zu präsentieren und reflektieren.
- gemeinsam Probleme zu verbalisieren sowie Erklärungen und Lösungen zu finden.

Auf der **Ebene der Individualerfahrungen** haben die SuS die Möglichkeit,
- sich in der Einzelarbeit im Schätzen von Größen auszuprobieren.
- auf ihrem individuellen Kenntnisstand zu arbeiten.
- eine bestimmte Rolle innerhalb einer Gruppe einzunehmen und zu vertreten.
- von der Vorgehensweise, Durchführung und den Erkenntnissen Anderer zu lernen.
- eine eigene Größenvorstellung von Repräsentanten aufzubauen und zu erweitern.
- ihren Wortspeicher weiterzuentwickeln und sich in der Fachsprache zu üben.
- Ergebnisse darzustellen, zu präsentieren und zu reflektieren.
- Probleme zu verbalisieren sowie Erklärungen und Lösungen zu finden.

3. Sachinformationen zur Einheit

Die Einheit „Die Vertreter von Größen." zielt auf den Aufbau einer Größenvorstellung zu bestimmten Flüssigkeitsmengen, sogenannten Repräsentanten für Hohlvolumen, ab. In der Mathematik und Physik unterscheidet man zwischen Hohlvolumen und Rauminhalt. Das Hohlvolumen bezeichnet einen eingegrenzten freien Raum, wie zum Beispiel das Fassungsvermögen eines Gefäßes oder Behälters. Der Rauminhalt bezieht sich auf das Volumen eines festen Körpers, einer Flüssigkeit oder eines Gases. Um ein Volumen zu messen, kann man sich unterschiedlicher Methoden bedienen. Das Fassungsvermögen lässt sich durch die Methode des Ausliterns bestimmen, indem man den Raum bspw. mit Wasser füllt und anschließend diese Füllmenge in der Raumeinheit Liter misst. Hat der Körper keinen Hohlraum, bedient man sich der Methode des Wasserverdrängens. Dabei wird der gesamte Körper vollständig in ein Behältnis mit Wasser getaucht, so dass im Anschluss das übergelaufene Wasser, ebenfalls in der Einheit Liter, gemessen werden kann. Bei bekannter Dichte eines Körpers, kann man das Volumen auch in der Gewichtseinheit Gramm erwiegen. Handelt es sich um einen geometrischen Körper, kann man das Volumen mittels Längenmaß berechnen. Die Größe des Volumens lässt sich demnach, wie alle mathematischen Größen, durch die Messung mithilfe eines Messinstruments, einer Maßzahl und einer Maßeinheit ausdrücken. [1]

In der vorliegenden Unterrichtseinheit wird zunächst das Auslitern verschiedenster Gefäße und Behälter thematisiert. Hierbei wird die Größe des Raumes durch die gemessene Füllmenge von Wasser bestimmt. Dabei wird der Fokus auf die in Grundschulen verwendeten Maßeinheiten Liter (l) und Milliliter (ml) gesetzt, die mittels eines Messbechers gemessen werden können.

4. Fachdidaktische Analyse

Kinder kommen im Alltag ständig mit Größen in Berührung. In Bezug auf verschiedene Volumina sind es bspw. Flüssigkeitsmengen in den unterschiedlichsten Gefäßen und Behältern, wie Flaschen, Dosen, Becher, Tassen, Gläser und ähnlichem. In Koch-, Back- und Getränkerezepten findet man z.B. Liter- und Milliliter-Angaben sowie Mengenangaben in Tee-, Esslöffeln, Tassen, Flaschen und anderem. Der tägliche Umgang damit, bedeutet aber nicht, dass Kinder eine sichere Vorstellung von ihren gängigen Repräsentanten haben. [2] Hierbei kann der Mathematikunterricht eine wichtige Brücke zum Alltag schlagen und durch eine handlungsorientierte Erarbeitung die Motivation der Kinder steigern.

---

[1] Müller, T.; Rost, H.-P. & Wolf, D., 1992, S.60 ff.
[2] Grassmann, M., 2013, S.10 ff.

In der Einheit „Die Vertreter von Größen! Aber wie groß sind sie?" steht das Schätzen und Messen des Fassungsvermögens verschiedener Gefäße und Behälter im Vordergrund. Genaues Messen ist zwar eine wichtige Fähigkeit, die man erlernen muss, aber das Schätzen ist in Alltagssituationen noch bedeutsamer, da nicht immer ein Messinstrument zur Verfügung steht. Damit das Schätzen nicht zum Raten wird, müssen die Fähigkeiten des Messens und Schätzens gemeinsam entwickelt werden und die Erfahrungen in Beziehung zueinander gesetzt werden können.[3]

Somit lässt sich die Einheit im didaktischen Stufenmodell zur Erarbeitung von Größen dem indirekten Vergleichen von Repräsentanten durch das Messen mithilfe standardisierter Maßeinheiten zuordnen (vgl Franke, M. & Ruwisch, S., 2010, S.184).

In den Richtlinien und Lehrplänen lässt sich die Einheit „Die Vertreter von Größen! Aber wie groß sind sie?" im Inhaltsbereich „Größen und Messen" mit dem Schwerpunkt „Größenvorstellung und Umgang mit Größen" wiederfinden. Die Kompetenzerwartungen sind beschrieben mit dem Messen von Größen mittels geeigneter Messgeräte, dem Vergleichen und Ordnen von Größen, der Angabe von vertrauten Objekten und dem Nutzen dieser als Bezugsgrößen beim Schätzen sowie dem Verwenden der Einheiten und deren Umwandeln in verschiedene Schreibweisen. Die Verwendung von Bruchzahlen und das Rechnen mit Größen werden erst später in dieser Unterrichtseinheit mit den Kindern thematisiert. Im prozessbezogenen Bereich spricht die Einheit das Problemlösen / kreativ sein, das Argumentieren sowie das Darstellen / Kommunizieren an. Im Folgenden wird stichpunktartig dargestellt, welche Aspekte der drei prozessbezogenen Bereiche innerhalb der Einheit besonders berücksichtigt werden.

Problemlösen / kreativ sein

Die SchülerInnen

- entnehmen der Einführungsphase, die für ihre folgenden Schätzungen und Messungen, relevanten Informationen (erschließen).
- überprüfen ihre Schätzungen durch das Messen und Ordnen auf Angemessenheit (überprüfen).
- wählen bei der Messung die richtige Größe des Messbechers aus und entscheiden sich für oder gegen die Verwendung eines Trichters (anwenden).

Argumentieren

Die SchülerInnen

- stellen Schätzungen zu dem Fassungsvermögen verschiedener Gefäße und Behälter auf (vermuten).
- testen ihre Schätzungen durch das Messen mit dem Messbecher (überprüfen).

---

[3] Grassmann, M., 2013, S.10 ff.

- bestätigen oder widerlegen ihre Vermutungen anhand der Messungen und beginnen Größenvorstellungen von Repräsentanten zu entwickeln (folgern).

- können Beziehungen zwischen den Repräsentanten entdecken (begründen)

Darstellen / Kommunizieren

Die SchülerInnen

- halten ihre Messungen fest (dokumentieren).
- stellen ihre Ergebnisse in der Gruppe an der Pinnwand vor (präsentieren & austauschen).
- einigen sich in der Gruppe auf die Verteilung bestimmter Rollen und tauschen sich über die gemeinsame Vorgehensweise und Durchführung aus (kooperieren & kommunizieren).
- verwenden und entwickeln ihren Wortspeicher weiter (Fachsprache verwenden).[4]

Des Weiteren werden die zentralen Leitideen eines Mathematikunterrichts bei der Planung der Einheit beachtet, welche im Folgenden aufgelistet werden.

Entdeckendes Lernen: Die SuS können durch das Messen mit dem Messbecher ihre vorigen Schätzungen zu dem Fassungsvermögen einzelner Gefäße und Behälter überprüfen. Dabei können sie auf Fehleinschätzungen treffen, die wertvolle Einsichten in ihre Denkweise liefern. Daraus können sie selbst und die gesamte Lerngruppe wichtige Erkenntnisse zum Schätzen von Volumina ziehen.

Beziehungsreiches Üben: Die SuS können anhand der Einheit „Die Vertreter von Größen." eine sichere Vorstellungsgrundlage von Repräsentanten für Hohlvolumen auf- und ausbauen, die für weitere Themen in diesem Bereich, wie bspw. für das Umwandeln und Umrechnen der Einheiten, benötigt werden. Die Aufgabe des Schätzens und Messens ist problemorientiert und anwendungsbezogen angelegt. Die Kinder können ihr Wissen aus der vorigen Einheit zu Messinstrument und Maßeinheiten vertiefen und mit dem Schätzen vernetzen. Des Weiteren können sie Beziehungen zwischen den Repräsentanten und ihren Größen entdecken.

Ergiebige Aufgaben: Die Erarbeitung der Repräsentanten wird in Einzel- und Gruppenarbeit durchgeführt, so dass ein Austausch beim Schätzen und Messen stattfinden kann. Diese Arbeitsform ermöglicht die individuelle Auseinandersetzung mit der Aufgabe und regt zu einer gemeinsamen Arbeit und Reflexion an.

Vernetzung verschiedener Darstellungsformen: Die SuS können ihre Schätzungen handlungsorientiert und unmittelbar mit dem Messen des Fassungsvermögens überprüfen. Ihre Gruppenergebnisse können sie danach mit Hilfe von Fotos der Repräsentanten an einer Pinnwand darstellen und sich mittels erarbeiteten Wortspeichers austauschen sowie ihre Erkenntnisse reflektieren.

Anwendungs- und Strukturorientierung: Die Aufgabe das Fassungsvermögen der unterschiedlichen Gefäße und Behälter zu schätzen und messen bezieht die verschiedenen Vorerfahrungen der Kinder ein und regt zu neuen Erkenntnissen sowie der Erweiterung und Vertiefung von Grundvorstellungen zu Repräsentanten verschiedener Volumina an.

---

[4] Richtlinien & Lehrpläne, 2008, S.57ff.

Individuelles Lernen: Die SuS können sich zunächst in der Einzelarbeit mit dem Schätzen erproben und die Gruppenaufgabe gemeinsam bewältigen, so dass sie von den Fähigkeiten und Kenntnissen der Anderen profitieren. Dadurch kann sich jedes Kind auf seinem Niveau beteiligen und Selbstvertrauen in die eigenen Kompetenzen entwickeln. Durch das handlungsorientierte Überprüfen der eigenen Schätzungen werden das Interesse und die Neugier der SuS geweckt und ihre Motivation gesteigert. Auftretende Fehler oder Schwierigkeiten können in der Reflexion konstruktiv thematisiert werden und wertvolle Einsichten bieten.[5]

5. Analyse der Lernaufgabe

In der Unterrichtseinheit „Die Vertreter von Größen." können die SuS zunächst in Einzelarbeit an der Lerntheke mittels ihrer Schätzkärtchen eine Schätzung zum Fassungsvermögen der einzelnen Gefäße und Behälter abgeben. Bei den Gefäßen und Behältern handelnd es sich um einen Tee- und Esslöffel (5 ml und 10 ml), eine Suppenkelle (100 ml), eine Kaffetasse (200 ml), ein Trinkglas (250 ml), fünf verschieden große Flaschen (500 ml, 750 ml, 1 l, 1,5 l und 3 l) und einen Eimer (10 l). Es wurde darauf geachtet unterschiedliche Gefäßgrößen in ähnlicher Form (2 Löffel, 2 becherförmige Gefäße, 5 Flaschen) anzubieten, da es Kindern in der Regel noch schwer fällt Flüssigkeiten in unterschiedlich geformten Gefäßen zu vergleichen und einzuschätzen (vgl. Franke, M. & Ruwisch, 2010, S. 228).

Nach der Schätzung können die SuS ihre Annahmen gemeinsam in der Gruppenarbeit anhand der Messung mit verschieden großen Messbechern überprüfen und ihre Erkenntnisse an der Pinnwand darstellen.

Dabei sollen die Anforderungsbereiche I bis III im Kontext der prozessbezogenen Kompetenzen wie folgt angesprochen werden.

Anforderungsbereich I: Reproduzieren

Die SchülerInnen

- können in Einzelarbeit eine Schätzung zur Größe der Repräsentanten abgeben.

- können durch ihre Vorerfahrungen aus der letzten Einheit einige Repräsentanten mit Hilfe eines Messbechers ausmessen und die Größe in Liter- oder Milliliter (l, ml) angeben.

Anforderungsbereich II: Zusammenhänge herstellen

Die SchülerInnen

- können durch ihre Vorerfahrungen aus der letzten Einheit alle Repräsentanten mit Hilfe eines Messbechers ausmessen und die Größe in Liter- oder Milliliter (l, ml) angeben.

---

[5] Richtlinien & Lehrpläne, 2008, S.55ff.

7

Anforderungsbereich III: Strategien entwickeln / Verallgemeinern

Die SchülerInnen

- können mit Hilfe der abgebildeten Repräsentanten auf Fotos eine Ordnung und einen Vergleich an der Pinnwand darstellen.

- können die Repräsentanten in Beziehung zueinander setzen.

- können ihre Kenntnisse aus dem Schätzen und Messen auf neue Repräsentanten in ihrer Vorstellung übertragen.[6]

---

[6] Blum, W. u.a., 2010, S. 20 ff.

Lernanforderung	Aktueller Lernstand	Handlungskonsequenzen
	in Bezug auf die Sache	
Die SuS bekommen eine Aufgabe zum Schätzen und Messen.	Einige SuS haben in den vorigen Einheiten teilweise gefehlt.	Ich biete ihnen durch die vorbereitete Lernumgebung eine Orientierungshilfe und stehe individuell unterstützend zur Seite. Eine weitere Orientierungshilfe bietet das Arbeiten in der Gruppe.
	in Bezug auf Methoden und Medien	
Die SuS arbeiten in der Gruppe mit Rollenverteilung.	Einigen SuS fällt es manchmal schwer konzentriert und kooperativ in der Gruppe zu arbeiten.	Ich achte besonders auf ihre Gruppenaktivitäten und schreite bei Bedarf unterstützend ein, indem ich Vorschläge zur Einigung einbringe (Schnick-Schnack-Schnuck-Spiel, würfeln, Rollenverteilung wechseln)

Die Lerngruppe hat zum Thema Volumen zuletzt in Klasse 3 gearbeitet. In der ersten Einheit dieser Unterrichtsreihe wurde deshalb mit den Kindern eine Eingangsstandortbestimmung durchgeführt, um die Lernvoraussetzungen der Kinder festzustellen und in der Folgeeinheit an ihren aktuellen Wissensstand anknüpfen zu können (siehe Anhang). Dabei wurde auf jegliche Beurteilungsform verzichtet, da den SuS diese Art der Erfassung bislang noch unbekannt ist und sich kein Leistungsdruck aufbauen sollte. Es nahmen insgesamt 13 Kinder daran teil (7 Mädchen, 6 Jungen). Bei der Auswertung fiel besonders auf, dass fast alle Kinder das Messinstrument „Messbecher" und über die Hälfte der Kinder die Maßeinheit „Liter" kennen. Nur 4 Kinder sind auf die Untereinheit „Milliliter" gekommen. Dafür konnten 10 Kinder einen Weg beschreiben, wie sie ohne Messinstrument Flüssigkeitsmengen einschätzen würden. Aufgrund der Standortbestimmung wurde die Unterrichtsreihe entwickelt. Des Weiteren wurde auf dieser Grundlage eine feste Gruppeneinteilung für die vorliegende Einheit erstellt, die im Folgenden kurz beschrieben wird:

- 4 Kinder zeigten ein hohes Maß an Vorwissen.
- 4 Kinder zeigten ein mittleres Maß an Vorwissen.
- 5 Kinder zeigten geringes Maß an Vorwissen.
- 3 Kinder haben in dieser und der darauffolgenden Stunde gefehlt.

Die Gruppeneinteilung wird demnach wie folgt vorgenommen:

9

1. Gruppe:
2. Gruppe:
3. Gruppe:
4. Gruppe:

In der Lerngruppe befinden sich 4 SchülerInnen, deren Lern- und Leistungsschwierigkeiten im Folgenden genauer beschrieben werden sollen.

- A. hat einen sonderpädagogischen Förderbedarf im Bereich emotionale und soziale Entwicklung und Lernen.

- M. hat einen sonderpädagogischen Förderbedarf im Bereich Lernen. Er wird zielgleich im Fach Mathematik unterrichtet, da der Förderbedarf zeitnah aufgehoben wird. In der vorigen Einheit hat sich bei ihm gezeigt, dass er großes Interesse am Messen hat und auch ausreichend Fähigkeiten mitbringt, die keine gesonderte Unterstützung benötigen. Gleichwohl stehe ich unterstützend zur Seite und biete bei Bedarf meine Hilfe an.

- Einige SuS weisen eine Lese-Rechtschreibschwäche auf und werden von mir unterstützt, wenn es erforderlich erscheint, wie zum Beispiel beim Lesen der Arbeitsaufträge.

  o Alle SchülerInnen waren in der bereits durchgeführten Einheit durch die Gruppenarbeit in der Lage die gestellten Aufgaben zu bewältigen, da sie von der Sozialform dieser Arbeitsweise profitieren konnten.

Methodische Entscheidungen	Begründung
Ich habe mich für die Darstellung des Verlaufs mit Transparenzsymbolen, Plakat und Zielfahne entschieden.	Sie bieten für die SuS eine einfache und strukturierte Orientierung über den Verlauf der Einheit.
Ich habe mich für eine Einführung mit Demonstrationsmaterial entschieden.	Die SuS haben so die Möglichkeit eine genauere Vorstellung von der Problemstellung zu bekommen.
Ich habe mich für die Gruppenarbeit entschieden.	Sie bietet den SuS die Möglichkeit voneinander zu profitieren und auf ihrem eigenen Niveau zu arbeiten.
Ich habe mich für die Rollenverteilung von Materialholer und Ruhewächter entschieden.	Sie bietet den SuS die Möglichkeit ihr Lernen selbstständiger zu organisieren.
Ich habe mich für ein handlungsorientiertes Arbeiten entschieden.	Dies bietet den SuS die Möglichkeit sich handelnd mit der Aufgabe auseinander zu setzen, um zu einer Größenvorstellung im Bereich „Volumen" zu gelangen.
Ich habe mich entschieden Zusatzaufgaben bereitzustellen.	Dadurch kommen die Gruppen in keine Leerlaufphase und können ihr Wissen durch das Lösen neuer Problemstellungen erweitern.
Ich habe mich für einen Klatschrhythmus als Signal - für Anfang und Ende der Arbeitsphasen - für Kurzinformationen entschieden	Der Lerngruppe ist das Signal bekannt. Es soll ihnen eine zeitliche Orientierung geben oder zur Mitteilung von Zusatzinformationen dienen.
Ich habe mich für die begleitende Erarbeitung eines Wortspeichers entschieden.	Die SuS haben somit eine Grundlage, die sie selbst erarbeitet und in den Phasen des Austauschs und der Reflexion nutzen können.
Ich habe mich für die Gesprächsmethode der Meldekette entschieden.	Die SuS gestalten damit den Unterricht zunehmend selbstständiger.
Ich habe mich für die Präsentation der Gruppenergebnisse entschieden.	Die SuS können dabei die erarbeiteten Ergebnisse reflektieren und das Präsentieren in der Gruppe üben.

8. Lernkomponenten

Initiation

- Begrüßung und Vorstellung des Besuchs
- Einstieg in die heutige Stunde durch die Demonstration unserer Lerntheke

Was? Schätze und messe das Fassungsvermögen der Vertreter.

Wie? Einzel- & Gruppenarbeit

Wozu? Repräsentanten kennenlernen und Größenvorstellung entwickeln.

Orientierung

- Was, Wie, Wozu
- Einstieg in die Stunde durch die Demonstration unserer Lerntheke
- In der Einzelarbeit schätzen
- In der Gruppenarbeit messen
- In der Gruppe präsentieren und gemeinsam reflektieren
- Ausblick
- Verabschiedung

Integration

Die SuS können ihre Erkenntnisse und Erfahrungen, die sie im Rahmen der Unterrichtsreihe gemacht haben weiterentwickeln. Im Bezug auf die Einheit können die Kinder die Repräsentanten bestimmter Größen kennenlernen und eine Größenvorstellung aufbauen.

Transformation

Arbeitsauftrag:

- Einzelarbeit: „Schätzt das Fassungsvermögen der Gefäße und Behälter."
- Gruppenarbeit: „Findet den Milliliter- oder Liter-Anteil der Repräsentanten heraus. Stellt eure Ergebnisse an der Pinnwand dar."

Sozialform: Einzelarbeit, Gruppenarbeit

Material: Lerntheke, Schätzkärtchen, Messbecher, Arbeitsaufträge, Pinnwände, Repräsentanten-Abbildungen, Messkärtchen

Reflexion/Präsentation

Präsentation der Gruppenarbeit:

„Stellt eure Ergebnisse an der Pinnwand vor."

Abschluss-Reflexion mit einleitender Frage:

„Du sollst am Tag 500 ml Wasser trinken. Zuhause findest du aber keine 500ml-Flasche. Wie kannst du anders dabei vorgehen?"

Sozialform: Gruppen

Medien: Pinnwände, Lerntheke, Wortspeicher, Zielfahne

9. Literaturverzeichnis

Blum, W,; Drüke-Noe, C.; Hartung, R. & Köller, O. (Hrsg.) (2010): *Bildungsstandards Mathematik: konkret.* Berlin: Cornelson Scriptor.

Franke, M. & Ruwisch, S. (2010): *Didaktik des Sachrechnens in der Grundschule.* Heidelberg: Springer.

Grassmann, M. (2013): *Sieben Irrtümer. Vorurteile im Umgang mit dem Bereich Größen und Messen* (S.10-11). In: Grundschule. Konzepte und Materialien für eine gute Schule. Heft 2. Größen und Messen. Erfahrungen aufgreifen. Kompetenzen entwickeln. Westermann.

Ministerium für Schule und Weiterbildung des Landes Nordrhein-Westfalen (2008) (Hg.): *Richtlinien und Lehrpläne für die Grundschule in Nordrhein-Westfalen.* **Frechen: Ritterbach.**

Müller, T.; Rost, H.-P. & Wolf, D. (1992): *Das große Mathematik Buch - Für Schule und Berufsalltag:* **Grundrechenarten, Mengenlehre, Algebra, Geometrie, Differential- und Integralrechnungen. Köln: Naumann & Göbel.**

PIK AS-Team (2012): *Standortbestimmungen – ein Instrument zur dialogischen Lernbeobachtung und – förderung.* http://pikas.dzlm.de/upload/Material/Haus_9_-_Leistungen_wahrnehmen/FM/Modul_9.3/Sachinfos/M9_3_Sachinfos_Standortbestimmungen.pdf (Zugriff am 10.02.2015)

Standortbestimmung:

Unser Thema : Volumen / Fassungsvermögen

① Welche Flüssigkeiten kennst du? Was kann man
trinken? Schreibe auf!

② In welchen Gefäßen oder Behältern kannst du
Flüssigkeiten schütten oder transportieren?
Schreibe und zeichne!

③a) Wie kannst du Flüssigkeiten abmessen? Schreibe
oder zeichne!

- 1 -

③ b) In welcher Maßeinheit kannst du messen?
Schreibe oder zeichne!

④ Wie kannst du <u>ohne</u> Messinstrument eine
Flüssigkeitsmenge schätzen? Schreibe oder zeichne!

⑤ Was weißt du noch über Volumen oder Fassungsvermögen? Schreibe oder zeichne!

⑥ Was willst du über Volumen oder Fassungsvermögen
noch wissen? Schreibe oder zeichne!

- 2 -

Beispiel für den Materialtisch:

Beispiel für den Wortspeicher:

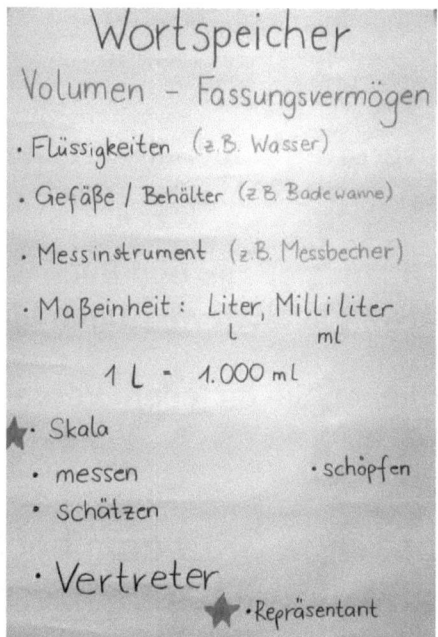

BEI GRIN MACHT SICH IHR WISSEN BEZAHLT

- Wir veröffentlichen Ihre Hausarbeit,
  Bachelor- und Masterarbeit

- Ihr eigenes eBook und Buch -
  weltweit in allen wichtigen Shops

- Verdienen Sie an jedem Verkauf

Jetzt bei www.GRIN.com hochladen und kostenlos publizieren